儿童情绪自控力工具箱 ❶

每日自控力训练清单

[美]劳伦·布鲁克纳（Lauren Brukner）著
[美] 阿普斯利（Apsley）绘
颜玮 译

机械工业出版社
CHINA MACHINE PRESS

Copyright © Lauren Brukner, 2017
Illustrations copyright © Apsley 2017
All rights reserved.

This translation of 'Self-Control to the Rescue! Super-Powers to Help Kids Through the Tough Stuff in Everyday Life' is published by arrangement with Jessica Kingsley Publishers Ltd. www.jkp.com.

Simplified Chinese Translation Copyright©2023 by China Machine Press.
This edition is authorized via Chinese Connection Agency for sale throughout the world.

北京市版权局著作权合同登记　图字：01-2021-5283号。

图书在版编目（CIP）数据

儿童情绪自控力工具箱. 1，每日自控力训练清单 /（美）劳伦·布鲁克纳（Lauren Brukner）著；颜玮译. — 北京：机械工业出版社，2023.3
ISBN 978-7-111-72573-2

Ⅰ.①儿…　Ⅱ.①劳…②颜…　Ⅲ.①情绪-自我控制-儿童读物　Ⅳ.①B842.6-49

中国国家版本馆CIP数据核字（2023）第030436号

机械工业出版社（北京市百万庄大街22号　邮政编码100037）
策划编辑：刘文蕾　　　　　责任编辑：刘文蕾
责任校对：薄萌钰　张　征　责任印制：常天培
北京机工印刷厂有限公司印刷
2023年5月第1版第1次印刷
130mm×184mm·4.375印张·68千字
标准书号：ISBN 978-7-111-72573-2
定价：129.00元（全4册）

电话服务　　　　　　　　　网络服务
客服电话：010-88361066　　机　工　官　网：www.cmpbook.com
　　　　　010-88379833　　机　工　官　博：weibo.com/cmp1952
　　　　　010-68326294　　金　书　网：www.golden-book.com
封底无防伪标均为盗版　　机工教育服务网：www.cmpedu.com

谨以本书献给
付出了自己的时间、耐心、精力和爱的教育工作者
和治疗师们。

谨以本书献给
付出了自己灵魂的父母们。

最后,本书也献给孩子们,他们应该得到这一切,
并且比我们所能想象的更加感激这一切。

前　言

这是一套关于孩子"情绪自控力"的图书。

学会掌控自己的情绪,是孩子成长过程中一个非常重要的维度。孩子身上的很多问题,比如无法专心学习、出现各种各样的问题行为,背后往往是"情绪"在作祟,使他们处于某种负面情绪状态,并且无法很快从中脱身出来。而这套书,就是要教给孩子一系列实用的技能,让他们能在遭遇负面情绪时,及时进行自我调整。

1. 四种情绪状态

建立情绪自控力,第一步是要让孩子能够识别自己的情绪状态。在这套书里,作者把人的情绪状态分为了四类:

第一种状态叫"刚刚好"。"刚刚好"是一种平和、安详的情绪状态,在这种情绪状态下,我们专注于自己正在做的事,可以开展深入的思考,也更容易感受到快乐。这也是我们需要尽可能去维持的情绪状态。

第二种状态叫"缓慢而疲倦"。"缓慢而疲倦"会给人一种筋疲力尽的感觉,我们可能会感觉自己四肢沉重,或者觉得自己很困。在这种状态下,我们很难集中注意力,有时还会变得很急躁。

第三种状态叫"快速而情绪化"。在这种状态下,我们在行为上会显得很亢奋,但是这种亢奋往往是由压力和令人烦心的事带来的。

最后一种状态叫"快速而摇摆不定"。当我们感觉"快速而摇摆不定"时,身体动作往往会不自觉地增多,以释放自己多余的精力和能量。这种情况下,我们也会很难集中自己的注意力。

有了这个分类,孩子会更容易分辨自己当下正处在哪种情绪状态之中。当他们意识到自己正在经历"缓慢而疲倦""快速而情绪化"或"快速而摇摆不定"的状态时,会更主动地想到:"我需要想办法调整一下自己的情绪状态了。"

2. 三类应对策略

当然,只是意识到自己需要做出调整还不够,关键还要掌握能有效调整自己情绪状态的方法和策略。这正是整套书想要提供给孩子的。

这套书为孩子提供了三类适用于不同场景的情绪调整策略。

第一类策略我们称之为"随时随地让身体休息一下"。主要是一些我们在日常站姿或坐姿下就可以完成的小幅度动作,不需要使用其他工具,也不会占用太长时间。这意味着使用这类策略调整自己的情绪状态,不会打断我们正在做的事情,并且随时随地都可以做。

第二类策略是"工具"。有时候我们需要使用一些工具来帮助自己调整情绪状态。这里说的工具都是一些日常生活中很常见的物品,是一些物理的、有形的东西,很容易找到。它们可以帮助我们变得有条理、平静、重新集中精神并关注自己的身体。

第三类策略是"让身体彻底休息"。相对于前两类策略,"让身体彻底休息"是一种用自己身体进行的动作幅度更大的练习,这些练习往往需要专门的空间和时间来进行,这也意味着它会打断我们正在做的事。当然,相对而言,这类策略调整情绪状态的效果也是最强的。

在本套书中,以上每类策略都包含一系列具体的动作练习或工具,帮助孩子掌握调节自己情绪状态的技能。

这些基于心理学研究的练习和工具，会帮助孩子联结身体和情绪，通过让身体"跨越中线"、为身体提供"本体感觉输入"等方式，达到调节情绪的目的。

3. 如何更好地使用这套书？

这套书共包含 4 册，每册分别从孩子和成人两个视角展开：前半部分主要针对孩子的情绪状态，提供了很多简单易操作的、提升情绪自控力的方法；后半部分主要针对父母、教师及相关的教育者，提示他们如何正确地运用书中提供的方法和策略，以更好地帮助孩子。每本书的附录还把全书中的工具和方法进行了汇总和图示化，如"刚刚好"自检表、"我的十大优点"卡、自我观察清单、标记自己的感觉等，一目了然，便于读者更好地选用。

以上这些内容在本套书中都是以轻松的、适合孩子的方式呈现的。通过掌握这一系列的方法技能，孩子可以建立属于自己的情绪自控力，逐步成为自己情绪的主人，迈出自我成长中的关键一步。

致　谢

当我写完这份手稿的最后一页时，我发现自己要再一次由衷地感谢我那超级耐心、才华横溢且令人惊叹的编辑雷切尔·曼齐斯。她对本系列所有文本信息的把控，她在成书过程中的耐心，她付出的无休无止的编辑时间，她进行沟通的电子邮件，她对本书愿景的真实信念……她所做的一切，使得原本只是通过电子邮件谈论的想法，最终发展成了您此时手中拿着并正在阅读的书籍。雷切尔，你太了不起了，万分感谢你。

再次感谢杰西卡·金斯利出版社出色的编辑、制作和营销团队。我早晨醒来的时候常常会想，自己能为这样一家出版社写书是多么幸运，他们是如此重视出版那些能改善他人生活的书籍。我无比感恩自己可以有机会写出能够积极影响他人生活的书籍。

感谢我的丈夫：我对你的爱永远无法用言语表达，所以我现在就不说了。我永远爱你，永远感激你。你是我的一切。

感谢我的孩子们：我希望你们能看到，我在全职工作并努力成为一名作家的同时，总是把做你们的好妈妈放在首位（平衡这一切并不总是那么容易的）。我希望你们知道，你们对我来说是最重要的。孩子们，我希望你们知道，只要你们把心、灵魂和身体都投入到你们的梦想中，只要你们尽了最大的努力，你们就能把不可能的事情变成可能。

目 录

前 言
致 谢

第一部分　写给孩子们：欢迎来到自控学院

导　读	... 002
第一章　早晨做好上学的准备	... 005
超能力 1 号：想象这一天将会过得很棒	... 006
超能力 2 号：举起双手，将阳光抓到心里去	... 009
超能力 3 号：轻快地摩擦，让自己动起来	... 012
第二章　集中注意力	... 015
超能力 4 号：思想箱	... 017
超能力 5 号：挤压整个身体	... 021
超能力 6 号：把自己团成一个球	... 025
第三章　课间休息及午餐时间	... 028
超能力 7 号：想象自己身在别处	... 030
超能力 8 号：只关注一个细节	... 034

　　　　超能力 9 号：专注于你的呼吸　　　　　　　　... 037

第四章　交朋友的技巧　　　　　　　　　　　　　... 041

　　　　超能力 10 号："让我们轮流选择做什么"　　　... 042
　　　　超能力 11 号："让我们分开 5 分钟"　　　　　... 046
　　　　超能力 12 号：解决争论的简单步骤　　　　　... 049

第五章　睡觉时间　　　　　　　　　　　　　　　... 053

　　　　超能力 13 号：脑海里的日记　　　　　　　　... 055
　　　　超能力 14 号：把自己裹在毯子里　　　　　　... 059
　　　　超能力 15 号：想象自己平静而快乐的画面　　... 062

戴上自控学院的毕业帽　　　　　　　　　　　　　... 066

第二部分　写给成年人：为孩子提供方法与支持

父母篇：让家庭的一天变得更顺畅　　　　　　　　... 072

　　　　早晨的可视化日程　　　　　　　　　　　　... 073
　　　　做家庭作业的可视化日程　　　　　　　　　... 077
　　　　帮助兄弟姐妹和平相处　　　　　　　　　　... 081
　　　　晚上的可视化日程　　　　　　　　　　　　... 083

教育者和治疗师篇：更加具体，可操作的策略　　　... 088

　　　　用有形的活动来学习策略　　　　　　　　　... 093

附　录

附录一	自控金币奖励表	... 102
附录二	提醒手环	... 104
附录三	早晨的可视化日程	... 107
附录四	做家庭作业的可视化日程	... 110
附录五	晚上的可视化日程	... 113
附录六	课面提醒字条	... 118
附录七	掌握一项超能力，获得一份自控力证书	... 121
附录八	掌握所有15项超能力，获得自控力学位证明	... 123

第一部分

写给孩子们：
欢迎来到自控学院

导　读

真正的自我控制超能力

你好，卓尔不凡且令人惊讶的读者。没错，我就是在和你说话！正在用眼睛看这本书的人，或者正在用耳朵听别人朗读这本书的人。拍三下手吧，让我知道你开始这次冒险会有多兴奋！

我相信你已经听说过我了——自控超人，非凡的超级英雄！什么？你没有听说过我？你确定吗？我敢打赌你一定听说过我。我会告诉你为什么我这么肯定。

你是否曾经非常非常愤怒，以至于你觉得自己想要用这种愤怒的力量去炸毁什么东西——但是你却没有去做？嗯，我告诉你，那就是自我控制的超能力，它将自我主导的力量赋予了你。

你是否曾经感觉非常非常摇摆不定，非常不专心，以至于你无法在教室里听老师讲课，但不知什么原因你获得了意志力，把自己的身体和思想又带回到了课堂？我要再次告诉你，那是自我控制的超能力拯救了你！我还可以继续说出很多例子,但我认为你马上就能明白。

我可能不像我的一些更有名的超级英雄伙伴那样迷人、漂亮,但我认为我自己的超级英雄力量非常强大。你也认为你的超能力很重要吗?你准备好去学一些自我控制的超能力了吗?我们开始吧!

这本书是如何发挥作用的?

现在是开始正式训练的时候了。穿上你的斗篷,让我们走进自控学院吧!打开门,这门有点沉,你可能需要用两只手才能打开它!

好了,伙计们。我们将一边学习超能力一边帮助其他孩子,他们正在下面这些事情上面临麻烦:

- 睡觉
- 起床
- 集中注意力
- 交朋友
- 课间休息和午餐时间的挑战

当你以正确的方式去提供帮助时(相信我,我会看着你做),你就拯救了那个孩子的一天。

我知道他们会为此而感谢你。

你还将因此而赚到一枚自控金币。

一旦赚够十五枚金币,你就可以毕业了,你会成为正式的自控超人——你能够通过练习把孩子们从那些艰难的情形中拯救出来(当然,你应该先获得成年人的允许)。把你的双手向前推,让我们一跃而入跳进书中,掌握更多自控超能力吧!

第一章
早晨做好上学的准备

"起床很难……"起床难的理由很充分，床是那么温暖、舒适，起床后要面对一整天的麻烦事。

所以，很多人，不论是孩子还是成年人，有时候起床就很困难，更不用说及时做完其他事情然后按时上学和上班了。压力好大，是不是？

这一章将为你提供三种简单的方法，来把每天的第一件事变得更容易一点儿，即顺利地起床，这样，早晨剩下的时间就可以变得更顺畅一些了。你会更快乐，你的家人也会更快乐。

让我们通过帮助乔尔、莉安娜和查理来练习吧。在我们开始之前，先问问自己，早上醒来有困难吗？如果你正在和某个朋友或小组一起阅读本书，那么就请摸着你的左膝盖，分享一下你觉得起床的困难都有哪些，或者，你是用什么方法来帮助自己起床的。

超能力 1 号：想象这一天将会过得很棒

乔尔蜷缩在他柔软的被子里。时钟显示已经是早上 7:50 了，学校的课 8:00 开始。他的姐妹们已经穿好衣服而且吃完早餐了。他听到她们在楼下笑，这让他感到恼火。乔尔最近在学校一直过得不好，尤其是在对数学的理解方面。一想到要上课，他就感到紧张。他想不出来该怎么告诉爸爸，只好气愤地说："我现在不想去上学！上学是一件坏事！我想待在家里！" 他的父亲向上甩了一下双手，走出了房间。

好吧，伙计们，这是我们的第一个任务。我们必须帮助乔尔，让他对自己的感觉好起来，同时，也帮助他从床上起来。这作为我们的第一份工作，比较棘手，但我知道你有能力完成它！

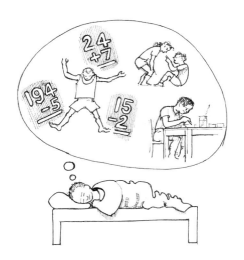

第一个超能力被称为"想象这一天将会过得很棒"。闭上你的双眼。现在，在你的脑海里过完这一天。你期待发生的事情是什么：很棒的事情，还不错的事情，也许，你想到的困难的事情更多一些，是吗？你要提醒自己，某些可能发生的事情是你自己无法预料到的。还要提醒自己，你无法控制每一种情形，但你可以控制自己怎样去看待它，以及怎样对它做出反应。你要想象你自己是快乐的、灵活的和自信的。

让我们看看自己是否帮助到了乔尔!我希望我们帮到了他,你也这么认为吧?感到自信和快乐是多么重要啊。

干得太棒了!大声地使劲拍手吧,你的第一枚金币出现了!

超能力 2 号：举起双手，将阳光抓到心里去

家里弥漫着早晨匆忙做准备的声音。"外面很冷，一定要把围巾放在书包旁边！""你想要华夫饼配甜瓜还是苹果？"莉安娜还待在床上。她的姐姐已经穿好了衣服，并在她俩共用的房间里整理头发。莉安娜头发蓬乱地侧躺在自己的床上，她揉着双眼生气地喃喃道："这里太亮了！我想继续睡觉！"

我以前有过这种感觉，你没有过吗？拍两下手再摸一下鼻子，这样我就知道你已经准备好去行动了！对于第一个超能力（想象这一天将会过得很棒），我们不需要睁开眼睛（或移动身体），对吧？接下来的一个超能力则需要做更多的工作，但莉安娜（或你）也可以继续躺着。

　　超能力2号被称为"举起双手,将阳光抓到心里去"。即使是阴天,这样做也依然有效。因为如果你想要寻找太阳的话,你就会发现它总是躲在云层后面和你玩捉迷藏。你要做的就是伸手向上够,无论你是躺着还是坐着,双臂交叉,朝着阳光向上伸展。抓取一些阳光,然后把它放在你的胸口上。把那些阳光按在那里,直到它仿佛进入你的心里。让这些阳光把你的一天照亮。在接下来的一整天里,每当你需要的时候,就用手触摸你胸口的那个地方,用那里的光提醒自己,每一件事都是好的,或者将会变成好事。

　　好吧,回到莉安娜身边。让我们看看使用这个新的超能力——"举起双手,将阳光抓到心里去"能不能帮助莉安娜快乐一点并且更容易起床。

太好了!打个响指让你的两枚金币都出现吧!

超能力3号：轻快地摩擦，让自己动起来

查理前一天晚上没睡觉，他不停地翻过来滚过去，一会儿嫌房间太热了，一会儿又嫌房间太冷了。他做了很奇怪的梦。当妈妈在早上叫醒他时，他的整个身体就像灌了铅一样沉重。"我动不了！"妈妈掀开了他的被子，但是他依然躺着不动。现在妈妈开始生气了："我倒是想让你多睡一会儿，但还有15分钟学校就要开始上课了，我上班也要迟到了！"

多么可怕的不眠之夜啊。我们每个人都经历过。有时候，不管你怎么努力都无法睡着。你的脑子里有可能会想很多事，你有可能感到不舒服，你有可能感觉自己

精力充沛、毫无睡意……嗯，稍后的第五章将重点介绍如何减少这类不眠之夜发生的次数。真是好消息，对吗？

好吧，现在，让我们去帮助查理吧。我们无法让他回到他的那个不眠之夜去。他只能起床去学校。那么要让他更容易起床，对吧？你准备好了吗？摆动手指四次，眨眼两次，让我知道你已经鼓足劲要去帮他了。出发！

超能力 3 号被称为"轻快地摩擦，让自己动起来"。这个动作坐着或站着都能做。交叉双臂，打开手掌，快速地上下摩擦你的双臂、双腿、手背和双脚。

神奇吧？让我们稍后去看看查理这一天过得怎样。我希望超能力 3 号能让他的这一天有所不同，让他过得不错。

你真棒!晃晃肩膀,让你的三枚金币现身吧!

第二章
集中注意力

在你的生活中你听过多少次别人大喊"集中注意力"？我已经数不清我以前听过多少次了！你知道吗，当我还是个孩子的时候，在我成为一名全职工作的"超级英雄"之前，我和你一样也要去学校上学。当我觉得老师教的东西太难时，我的大脑就会自动关闭，因为我完全听不明白。有时候我是故意这样做的，因为当我听不懂老师在讲什么时，我就会感到害怕或者尴尬，然后我会想："听讲的意义是什么？我越听越糊涂！"老实说，我也是一个超级摇摆不定的孩子。那时候的老师并没有像现在的老师这样能理解我的状态。我只能在那儿傻坐着，而我的思路几乎完全关闭了，就好像一盏灯熄灭了那样。我想请你此时超级诚实地告诉我，我刚刚分享的东西能让你想到些什么吗？

如果，你因为不理解所学内容，所以无法集中注意力，而且你的思绪会飘忽不定，那么我希望你能竖起你的大拇指。

如果，你因为不理解所学内容而感到害怕或尴尬（或其他感觉），所以无法集中注意力，那么我希望你能摸一下你的右胳膊肘。

最后，如果你因为身体需要动一动而且你觉得自己坐的时间太久了，所以无法集中注意力，那么我希望你能揉一揉你的两只耳朵。

哇，你们这些孩子真是太棒了，而且超级勇敢。谢谢你们把自己的感觉与我分享。

本章将为你们提供三种简单的方法，让你们把集中注意力这件事变得更容易一些。让我们通过帮助以赛亚、乔伊和罗恩来练习吧。

超能力 4 号：思想箱

以赛亚正在努力地学习数学，但他忍不住去想下午将要参加的聚会。他在脑子里把那个聚会预演了一遍又一遍。那些在聚会上可能会发生的事情像走马灯似的不停地在他的脑海中闪现：滑滑梯、逛公园、下棋，并排坐着吃零食，一起放声大笑。他跑去告诉老师今天晚些时候他有一个聚会以及他会去做哪些好玩的事。老师回答他说:"以赛亚,我们此刻还是不要聊那件事吧。"

你曾经是否因为某件已经发生或可能会发生的事,而感到特别兴奋、快乐或者心烦意乱,以至于无法专注于你应该做的事情?这种情况或早或晚都会发生在我们所有人身上。这时候就要用到我们的超能力4号——"思想箱"了!

让我们试试用这个超能力去帮助以赛亚,让他能专注于自己的工作而且做到最好吧!你准备好去试试了吗?把两个手掌合到一起让我知道你准备好了。

闭上你的眼睛。在脑海中想象一个特殊的箱子,把所有分散自己注意力的想法都放到这个箱子里面去。你的箱子是什么颜色的?也许不止一种颜色吧!箱子的表面是光滑的还是粗糙的?箱子有什么特殊结构、特殊形状或特殊设计吗?它有锁吗?还是它自己就能保持关闭的状态?如果箱子上面有一个锁,那个锁看起来是什么样子的?摸上去有什么感觉?一旦你在脑海里把这个箱子装饰完(或者不装饰也行),马上就把那些所有分散你注意力的想法都放到箱子里去,然后把箱子盖紧紧地盖上!如果箱子有锁,一定要保证锁好!你可以在另一个可以去琢磨这些想法的时间段(比如在家里空闲的时候、放学回家的路上等)再打开箱子见到它们。

好样的!让我们看看我们这个"思想箱"的超能力是不是足以帮助以赛亚吧!

你做到了!跳起来去够天花板,然后再蹲下来摸地板吧,你的四枚金币闪亮登场了!

超能力5号：挤压整个身体

乔伊在学校度过了漫长的一天。阅读、写作、学数学、学科学、做社会研究，然后坐着写字，进行课间休息和享用午餐，然后再坐着听老师讲课。他在校车上待的时间也很长，最后乔伊把自己拖进屋子，疲惫地把外套和背包挂在玄关的挂钩上。"家庭作业！"他下意识地想到还有作业要写。他尽自己最大的努力坐下来，打算做作业。但不知道为什么，他就是做不到！他把自己倒挂在沙发上，这让他感觉好多了，他整个人都放松了。"你这是在干吗？"乔伊的妈妈严厉地问。"回去做作业！""可是我做不到！"乔伊大喊。"你可以，你会做到的！"

妈妈一边准备晚餐，一边大声说道。

我能理解乔伊的感受。你能吗？如果你能理解的话，就给自己一个紧紧的拥抱吧，然后从一数到十，数两遍。在学校上学可能会让人感到漫长而不堪重负，你有时真的会竭尽全力到筋疲力尽，不是吗？然后你终于可以回家了。然而，你还有更多的家庭作业要做！噢，天呐，真是烦死了！好吧，就像我们之前说过的，我们无法改变其他人或其他情况，这不是我的超能力之一，但我们可以改变自己的反应——我们只能做到这个！

让我们用超能力5号"挤压整个身体"来帮助乔伊吧!闭上双眼。感受下身体的哪个部位最摇摆不定?肚子?你的脚?你的胳膊、腿、手指、头?好多地方都摇摆不定吗?现在,挤压你的整个身体——用力、用力、用力,就好像你的整个身体是一块巨大的肌肉那样。同时,就仿佛把那种摇摆不定的感觉从身体里挤了出去。啊哈,是不是感觉好些了?

让我们看看乔伊。你认为他会从沙发上下来吗?我希望他会,否则,对于这个可怜的孩子来说,那天的夜晚就太漫长了。

我真为你感到骄傲！现在，眨两下眼睛，摸摸耳朵，你的五枚金币出现了！

超能力6号：把自己团成一个球

全班正在学习减法。罗恩没听懂老师在教的是什么。他不好意思请老师用不同的方式来解释那些内容，所以，取而代之，他看向窗外。窗外面是美好的一天。他想着自己回家后要做些什么，也许会去公园，也许晚餐能吃上比萨！他希望妈妈不要再强迫自己吃芦笋了。他忘记了自己在哪里，在做什么。突然，所有的孩子都从地毯上站了起来，拿起了他们的立方体、铅笔和练习册。"哦，不，大家在做什么？我竟然不知道自己该怎么做。" 罗恩想。

当你不理解老师所教的内容时，想要集中注意力是很难的，而在需要时寻求帮助可能会更难。你同意吗？如果你同意，就轻轻敲三下你的右膝盖吧。

让我们学习超能力 6 号"把自己团成一个球",这能够让罗恩更冷静、更专注一些,使他在需要帮助时可以不那么紧张,在理解课程时可以集中注意力。

当你坐了很长时间后,你会很难感觉到自己的身体在哪里。这会让孩子(甚至成人)感到紧张和不安!如果发生了这样的情况,那么无论你是坐在地板上还是椅子上,都可以将你的双脚放在地板或椅子上,然后用手臂将膝盖抱住,使其蜷缩到腹部,并保持 5~10 秒钟。

棒极了!让我们看看罗恩是怎么做的。我希望咱们帮助他建立起了信心和专注。

你又做到了!好棒!现在,把你的双脚内侧相互碰一碰,碰,碰,碰!这样,你的六枚金币就会出现了!

第三章
课间休息及午餐时间

你知道我的自控寻呼机有多少次是在课间休息或午餐时响起的吗?全世界的校长、老师和孩子们仿佛都会在那个时候需要我的帮助,这可能是上学的日子里最艰难的部分了。

为什么呢?你或许能猜到。吵闹、要看的东西太多、玩的时间太少,也许,都还没怎么看、没怎么玩就不得不再次坐下来学习了。还有很多其他的原因,真是数不胜数啊。

本章将为你提供三种简单的方法,它们不仅可以帮助你渡过难关,还可以让你好好享受课间休息和午餐时光,同时它们还可以让你在一天剩余的时间里过得更顺利。它们能让你更快乐,让老师更快乐,让班级气氛更欢乐!

让我们通过帮助艾莉克斯、朱丽和埃文来练习吧。在我们开始之前,我想问问你,你是否经常在课间休息和午餐之后,遇到一些困难或者挑战?如果你正在与朋友或小组一起阅读本书,如果你想分享让你感觉困难的事情是什么,或者,想分享你是用什么方法来帮助自己的,请交叉双臂拍拍肩膀吧。

超能力 7 号：想象自己身在别处

操场上超级拥挤。在过去的几分钟里，艾莉克斯一直在开心地玩单杠。哨声响起，她和她的班级排成了一队。一个男孩开始在队伍里大喊大叫，艾莉克斯感觉自己受到了惊吓。当她感觉受到惊吓时，她看起来并不害怕，因为她通常会用自己的身体"装傻"，她会躺在地板上打滚，大笑。这一次，她冲着那个男孩尖叫回去，她的身体非常快速地动了起来，她前后来回晃动着自己的饭盒。负责课间休息的老师走过来，一脸严肃地打断了艾莉克斯和那个男孩，把他们领走了。

可怜的艾莉克斯！这不是她的错！我们必须教给她一种方法，让她在即使周围环境非常不好的情况下也能感到平静。在这种情形下，想一想我们能做些什么是非常重要的。我们无法改变操场的吵闹声，也无法改变靠近我们的人有多少，但我们可以控制自己的情绪。这是一个很棒的想法，不是吗？

能做到这一点的一种方法是使用超能力 7 号"想象自己身在别处"。这可以在既不占用物理空间也不移动

身体的情况下完成。你准备好了吗？活动你的脚趾来表明你已经准备好了吧！ 慢慢地吸气、呼气。想象一个让你感到平静和安宁的地方。去想象每一个细节：那个地方看起来怎么样？有哪些不一样的物体和不一样的气味？你能听到哪些不一样的声音？想象自己待在那张图片里。在那个特别的地方，你在哪个位置？你在干吗？当你准备好了之后，睁开双眼，再次融入人群之中。

让我们看看艾莉克斯做得怎样吧。我希望咱们这个"想象自己身在别处"的超能力足以帮助她减少恐惧并度过一个愉快的下午！

你又做到了！这些孩子有你帮忙真的很幸运。现在，揉搓双手手掌，直到它们变得暖融融的。然后用手掌盖住眼睛5秒钟。现在，把手放下吧。让我们看看是否所有七枚金币都出现了。

超能力 8 号：只关注一个细节

教室外面下着瓢泼大雨。当老师宣布课间休息只能在室内进行时，全班集体发出了呻吟声。负责课间休息的老师摆好了桌子，然后把孩子们分配到不同的位置上。每一种噪声都让人感觉格外刺耳。当同学们试图在教室的范围内释放额外的能量时，每个孩子都会感到彼此更加靠近了。朱丽觉得自己想要缩回到身体里去。她从一张桌子走到另一张桌子，但每个人都太吵闹了，太靠近了。教室里没有多余的地方可以让她立足并获得平静（就像她的老师和职业治疗师教她的那样）。她觉得自己陷入了困境！

不用担心，朱丽，我们就是来拯救你这一天的！这个新策略非常简单。当我不知所措时,我碰巧使用过它。是的,我是超级英雄,但并不意味着我不会不知所措!

请将每个手指都放在你右手的大拇指上。太神奇了!让我们来学习超能力 8 号"只关注一个细节"。四处看看。找到一个让你感觉更平静的点,全神贯注于它。这个点可以是一张书桌、一本书、墙上的一个标记、地板上的一条曲线,甚至可以是一片草叶子。注意它的每一个细节。把世界上其他的东西都挡在你的注意力之外。此刻最重要的只有那个焦点。当你准备好了后,再重新加入到人群之中去。

让我们来看看朱丽。我希望我们的辛勤工作帮助到了她,让她不仅感到平静、快乐,而且还可以参加课间休息活动了。

来！咱们击个掌吧！现在，摸一下你的头、鼻子和左脚，这会帮助你的八枚金币快点儿现身。

超能力 9 号：专注于你的呼吸

课间休息时间结束了。埃文的班级排成了一列，穿过狭窄的走廊走向自助餐厅，笑声和尖叫声在走廊间回荡。每一声巨响都好像要刺穿埃文的耳朵，但他强迫自己继续往前走。他们进入了餐厅，刺眼的灯光令埃文眯起了眼睛。他在他的朋友迈克尔旁边找到了一个座位坐下。周围的孩子们不断地从座位上站起来，做着各种傻事。他们一边大笑、争吵、大喊大叫，一边狼吞虎咽地吃着午餐。埃文和迈克尔吃饭时很安静。一群孩子走过来坐在他们旁边，大声地说话，还互相做鬼脸。终于，埃文受够了。他跑到自助餐厅的一边，把自己挤入两辆餐车之间，哭了起来。迈克尔脸上挂着担心的表情跑去告诉了老师。

可怜的家伙！我们必须帮助他，越快越好。一种快速、有效的让自己平静下来并减少不知所措的方法是首先控制我们的呼吸，然后专注于我们的呼吸。这就是我们下一个超能力要做的。

如果你准备好了，那就伸出左脚敲地面两次，然后再伸出右脚敲地面三次吧。

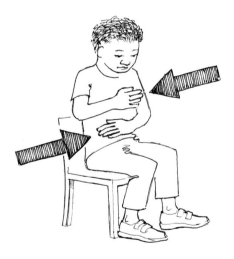

超能力9号被称为"专注于你的呼吸"。你可以将一只手掌平放在自己的心脏部位，一只手掌平放在自己的肚子上。慢慢地吸气3秒钟，然后呼气5秒钟。好的。

现在，把你所有的注意力都集中在你的呼吸上，感受下气息是如何通过你的鼻子和嘴巴的。专注于你抚在胸口的那只手是如何在你吸气时抬起，并在你呼气时落下的。专注于你抚在腹部的那只手是如何在你吸气时落下，并在你呼气时抬起的。

现在我们回去看看埃文，检查下这个"专注于你的呼吸"的超能力是否能帮助他感到安全和平静吧。

来，跟着我说:"哦耶！我们做到了！"好极了！现在，双手紧紧地用力握在一起吧，因为你的九枚金币就要出现了。

第四章
交朋友的技巧

友谊可能是孩子生活中最重要的部分之一，也可能是他成长挑战的主要来源之一。在与朋友交往时，棘手的情绪肯定会出现，比如愤怒、嫉妒、沮丧和悲伤。令人高兴的是，这些感觉通常会消退，而且常常会被幸福、喜悦、兴奋和关爱等积极的情绪平衡掉。争论和分歧是友谊的自然组成部分，如果处理得当，可以帮助孩子们更好地了解彼此。

本章将为你提供三种解决朋友间分歧的简单方法，同时也会告诉你一些与朋友相处时应怎样妥协的办法。让我们通过帮助卡米尔、艾莉和斯蒂芬妮来练习吧。

在我们开始之前，我想确认你是否感到与朋友相处有些困难，或者在你们出现分歧时你是否感到无法解决。如果你正在与朋友或小组一起阅读本书，请把双手的指尖互相搭在一起，来表明你愿意分享你感到困难的地方或者你帮助自己的方法吧！

超能力10号:"让我们轮流选择做什么"

"我不想做那个。"卡米尔双臂交叉地坐着。她的朋友提议了一种又一种的游戏,一类又一类的活动。"我只想打牌。"卡米尔说。"但我真的不想打牌,卡米尔,"她的朋友恳求道:"你就没有别的游戏能陪我玩吗?不管怎么说,我是客人啊。"卡米尔气哼哼地跺着脚去了自己的房间,把朋友一个人留在了客厅。

你是否曾经被告知:"你需要灵活一点儿?"我有一个超级英雄朋友,她非常灵活,灵活到可以弯成一个真正的球!好吧,我跑题了。

无论如何，在一段友谊之中考虑到对方并彼此为对方着想是非常重要的。但有时，这个想法并不会自动产生出来。那就需要超能力10号"让我们轮流选择做什么"来帮助我们了。无论你是在学校还是在家里，只要和朋友一起玩，那么一开始就可以说："让我们轮流选择做什么吧！"即使你并不想真的这样做，甚至，你想做相反的事（也许你知道一个超级棒的游戏，想一直都玩那个），都没关系。这句话会让你和朋友的玩耍以一种友善而且公平的方式开始，还会使你们在一起玩耍这件事变得更加容易一些。这句话表明你是一个善良体贴的朋友，而且也很灵活。在朋友聚会中或在学校里和朋友玩时重复说这句话，可以预防争论并让每个人都能轻松相处！

你觉得卡米尔做得怎么样？也许她变得更加灵活了，而且现在，她可以和朋友一起玩某种游戏了，而且那种游戏是他们相互妥协后都同意玩的！

你感觉到自己已经变成了一个自我控制的超级英雄吗?即使只是通过书页,我也可以看到你已经是一个自控超人了!是的,你做得很好。眨眨眼,揉揉耳朵,你的十枚金币就要出现了。

超能力 11 号:"让我们分开 5 分钟"

艾莉和她的朋友们正在课间休息。他们正在用大泡沫块建造堡垒。一场争论开始了。"不,艾莉,你拿了我的泡沫块!"她的一个朋友一边说一边抓住了最上面的一块。"你太自私了!你应该先问问这是谁的!"艾莉一边反驳一边将那个泡沫块抢了回来。这种情况持续了几分钟,然后,不知怎么回事,堡垒被完全推倒了。艾莉开始流眼泪。"你为什么笑?因为我很难过吗?你再也不是我的朋友了!如果你刚才把你的泡沫块分一些给我,就不会发生这种情况了!"

有时,在一时冲动之下,我们会做出一些之后可能会后悔的事情。此时,下一个超能力——超能力11号"让我们分开5分钟"就应该登场了。

艾莉,你准备好了吗?我们已经在来的路上了!孩子们,拍两下手,眨一下眼,告诉我你们已经准备好了!

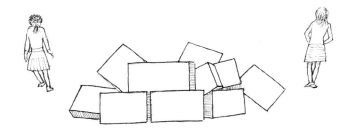

当你和朋友发生争吵时,主动说一句"让我们分开5分钟",然后离开当时的场景。这种做法会有所帮助——尤其当你不喜欢那个场景的时候。当你们经常练习这样做时,它会让你们养成争吵前先分开的习惯,这样,你们就都有时间让自己冷静下来,然后就可以用平静的方式找出解决问题的办法了。

让我们回过头来看看艾莉吧。当下次争吵再次发生时,我打赌她们的友谊不会受到损伤,特别是有我们这样的人尽心尽力地去帮助他们。

帮助孩子们成为朋友令人感觉特别好,难道不是吗?它让我的心感受到那种极其温暖的感觉。摆动你左手的手指,然后再摆动你右手的手指,这样,你的十一枚金币就来了。

超能力 12 号：解决争论的简单步骤

星期六的早晨，阳光明媚，但是斯蒂芬妮醒来时却脾气暴躁。她的弟弟一直惹她，让她感到神经紧张。弟弟说的每一句话都让斯蒂芬妮觉得特别有针对性、特别专横或特别烦人。当斯蒂芬妮向父母抱怨时，她没有得到任何同情。父母说："你年龄比他大。你一直对他不友善。你应该做出改变。"弟弟从厨房柜台上抓起斯蒂芬妮刚刚完成的画作。那张曾经美丽的作品上现在到处都是弟弟的手指印。这成了压倒骆驼的最后一根稻草。斯蒂芬妮忍不住了，她推了弟弟一把。"我恨你！"她哭了，擦掉眼泪，跑回了自己的房间。"去想办法解决！"

她听到妈妈在楼下大喊道。

兄弟姐妹可以成为彼此最好的朋友。那些互相深爱的人，同样也会互相争斗。兄弟姐妹之间的争吵可能会非常激烈，我说得对吗？如果你能联想起什么，就请竖起大拇指吧。当你的情绪变得如此强烈，而且你还被告知要去调整它时，为你写下实际的解决步骤是非常有帮助的。这就是我们用到超能力12号"解决争论的简单步骤"的地方了。

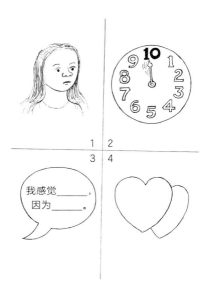

1/2. 深呼吸或数到十。

3. 用"我"字开头的话来解释自己的感受："我感觉_____，因为_____。"

4. 彼此为对方做点好事。

回到斯蒂芬妮的例子。让我们看看"解决争论的简单步骤"这个超能力是否能够帮助她解决与弟弟的争论，并且让她那天的感受好一些。有时候，为他人做好事本身就足以让你微笑了。

哇哦！给自己出色的工作一个大大的表扬吧！我是认真的。轻轻拍打自己的背部五次，让你的十二枚金币现身吧。

第五章
睡觉时间

睡觉时间是一天中（好吧，只是晚上）另一个特殊的时间段。在这段时间里，我的自控寻呼机几乎响个不停，来自全球各地的孩子们都在寻求帮助。

我接到电话听说，孩子们不想睡觉，孩子们难以入睡，孩子们在半夜醒来……各种问题一个接一个，无穷无尽。这些求助电话搞得我大半夜竟然觉得饿了，谢天谢地，还好有 24 小时开门的便利店。

好吧，孩子们睡不好觉的原因有很多。有时，我们的大脑会感觉它们正在与自己的思想和想法赛跑。其他时候，我们的心中可能充满了担忧或恐惧。我们的身体仿佛被如此多的能量所充满，以至于就算到了睡觉时间，也还是没有慢下来的可能性。但是，真理是这样的：我们的身体需要睡眠。它们需要一定的睡眠时间才能保持健康和快乐。本章将为你提供三种简单的方法，帮助你学会自己入睡——没错，不依靠成年人。是的，你可以做到！你是在自我控制学院学习的人啊，不是吗？

让我们通过帮助沙亚娜、弗林和麦克斯来练习吧。在我们开始之前，告诉我，你是否难以入睡或睡着之后很容易醒来。如果你正在与朋友或小组一起阅读本书，那么就搓搓双手、捂住眼睛，以此表明你愿意分享你感到有哪些地方比较困难，或者分享你是用什么方法来帮助自己的！

超能力 13 号：脑海里的日记

沙亚娜在床上辗转反侧已经有好几个小时了。她无法停止思考当天在学校发生的事情：朋友、老师、数学学习中某个困难的部分。她的思绪继续飘到了即将到来的节日派对上。她想知道会有哪些家庭成员参加。突然，她看了看表，从她上床到现在已经过去两个小时了！她打了个哈欠，她感到很累，但是那些思绪不断涌来，她无法阻止它们。

有时,生活中发生了很多事情,但我们白天过得非常忙碌,大脑只有到了晚上才有时间去思考。当我们无法控制思考的时间和内容,也无法重新集中注意力时,这就会成为一个问题。在这个时候,我们的下一个超能力——超能力13号"脑海里的日记"就该出场了。

你准备好开始练习并帮助沙亚娜学会如何才能更容易地入睡了吗?用左手摸一下右膝盖,然后用右手摸一下左膝盖,这样我就知道你已经准备好了。

"脑海里的日记"是存储于你大脑中的一本私人日记,你可以在这个本子上写下或画出任何困扰你的以及

有可能让你保持清醒的想法。我希望你现在就创建那本日记。你日记本的封面是什么颜色的？内页是什么颜色的？你用什么来写字或画画？铅笔？钢笔？或者，你更愿意使用蜡笔、记号笔或彩色铅笔？现在，在你的脑海中画出或写下任何可能困扰你并让你保持清醒的内容。写完画完之后，请合上日记本的封面。现在，这些想法已经消失了，除非你想在另一个时间打开日记本并好好去思考它们。

让我们来看一看沙亚娜吧。我希望"脑海里的日记"这个超能力能帮助她睡着！

自控学院的钟声再次响起!你们这些孩子是最棒的!好了,在空中画一个笑脸吧,让我们看看是否已有十三枚金币出现。

超能力 14 号：把自己裹在毯子里

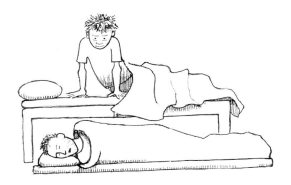

尽管弗林感觉很累了，但他的身体却不停地移动。傍晚临近时，弗林仿佛恢复了精力，他从后往前做着家庭作业！上床睡觉的时间临近了。为了不从床上跳下来，他的双脚在轻轻地敲打着床面，他的胳膊也在挥动着。终于，晚上 11 点时，他走向在沙发上睡着了的父亲。"爸爸，我睡不着！""不，你可以睡着的，你只是尝试的方法还不够多。回到床上去。我会躺在你旁边的地板上。"弗林爸爸的头刚一挨到枕头就打起了呼噜。"为什么我不能像爸爸那样？" 弗林不高兴地想。

好吧，伙计们，我们必须教弗林一种能让他的身体放松到足以重新入睡的方法。这是一种我个人非常喜欢的让自己入睡的方法,它看起来有点像我最喜欢的食物之———墨西哥卷饼。

你准备好迎接超能力14号了吗?如果准备好了,就转一转脖子吧!

下面我来教你如何"把自己裹在毯子里"。躺在毯子里面,让毯子紧紧地裹住你身体的两侧,就像墨西哥卷饼一样。

要确保你的头是在毯子外面的。如果你愿意,还可以在这个"卷饼"上面再加上一条毯子。你喜欢这种被包得严严实实的感觉吗?如果需要人帮忙的话,可以向大人求助。你难道没有觉得平静和安全一些了吗?做一次深呼吸吧。这会帮助你睡着。

让我们看看弗林做得怎样。你认为他能够放松自己的身体然后沉沉睡去吗?

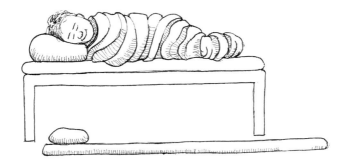

我们就快毕业了,而且我们有充分的理由可以毕业了!现在,给自己一个紧紧的拥抱吧,看看十四枚金币会不会出现。

超能力 15 号：想象自己平静而快乐的画面

麦克斯害怕自己一个人睡觉。每天晚上，他都会在半夜醒来，然后去到爸爸妈妈的房间，请求爸爸妈妈睡到他的房间里去。家里的每个人都因此而疲惫不堪。当别人问他到底在害怕什么时，他说："我害怕所有的东西。"他觉得房间太暗了，他觉得任何声响都太可怕了，他觉得阴影好像是大怪物。如果哪一夜父母拒绝到他的房间里去睡觉的话，他就会尖叫和哭泣。"没有你们我睡不着！我睡不着，我睡不着，我睡不着！"

我认为，知道我们可以独立去做一些事情是非常重要的。相信我！随着时间的推移，它会让你感到自立，并且，最终的结果是，你会更加自信和快乐。让我们帮助麦克斯学会怎样独自睡觉吧。我们需要教他的第一件事就是感觉平静而且不害怕。这就是我们最后一个超能力"想象自己平静而快乐的画面"能发挥作用的地方了。

闭上眼睛。你能想到的最幸福、最平静、最安宁的地方是哪里？现在，想象一下它的样子。尽可能多地描绘出那幅画面的细节。现在，想象一下你在这个特殊的地方可能会感受到什么。尽可能多地描绘出那种感受的细节。现在，想象一下你在这个特殊的地方可能会听到什么声音。尽可能多地描绘出那些声音的细节。现在，想象一下你在这个特殊的地方可能会闻到什么气味。尽可能多地描绘出那种气味的细节。在这个特殊的地方，你自己待在什么位置？在干什么？你是正在做着什么事情呢，还是只是待在那里？

让我们看看"想象自己平静而快乐的画面"这个超能力是否能够让麦克斯一个人睡着吧！

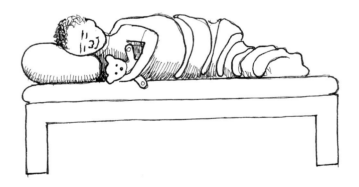

你做到了！你以如此善良和勇敢的方式帮助了麦克斯和所有的朋友们。深深地吸气 3 秒钟，然后慢慢地呼气 5 秒钟。让我们看看你能否把最后一枚金币吹到这本书上，给我们展现你全部的十五枚金币！

戴上自控学院的毕业帽

你拯救了这一天!感觉特别好,不是吗?

你们这些小家伙竟然真的做到了!你们上完了自控学院的全部课程,而且完成得这么出色!你们帮助孩子们学会了如何处理一些你们认为自己也可能会经历的(至少会经历其中一部分)非常棘手的情况,我希望你们自己也学会了该如何处理日常生活中同样的困境。

你们看见自己挣到的所有金币了吗?当你读到此处的时候,是的,就在此刻,它们刚刚降临到了你的身上。在哪里?我可不确定。金币会去它们觉得自己应该去的地方。

什么,你看不到它们?但是我告诉你它们就在那里。你在这趟旅程中所获得的金币会在这里辅助你,并且提醒你,你是非常了不起的,你拥有强大的自我控制能力,而且,它们还将在你觉得自己的自控力太低的时候帮助你摆脱困境。如果你需要什么人来提醒你的话,你可以再回来读读这本书。

现在，你是经过认证的自控超人了，我希望你戴上这顶充满自豪、骄傲和荣誉感的桂冠。你要成为同龄人的榜样，让他们了解自我控制的意义。你要帮助其他还没有这种超能力的人，要把你在自控学院学到的自我控制的方法教给他们。

自控超人声明

1. 虽然我们无法改变其他人,也无法改变生活扔给我们的所有挑战,但我们依然很幸运,因为我们拥有能够控制自己情绪和反应的天赋。

2. 我们友善并且乐于助人。

3. 在一场争吵的尾声,我们要确保自己以善待对方的方式来结束。

4. 成为一个灵活的人是很难的。当我们对朋友说某件事自己可以灵活变通时,即使我们并不总是认真的,也有助于我们和对方成为最好的朋友。

5. 睡眠是超级重要的。我们都需要好的睡眠。此外,有很多方法可以让我们更容易入睡和睡得好。

6. 我们可以保持自控。相信自己有自控力是一件非常重要的事情。

7. 停下来想一想为什么自己无法集中注意力。我们不理解老师讲的某些内容是正常的,而且,当我们开口寻求帮助时,就表明我们对自己的学习是认真负责的。

8. 相信我们学过的那些超能力。相信它们会让我们的生活有所不同。而最重要的是,要相信自己。

后会有期!

自控学院

第二部分

写给成年人:
为孩子提供方法与支持

父母篇：
让家庭的一天变得更顺畅

嘿，我的家长伙伴们！

我完全能理解你们的生活是多么忙碌。我是过来人，而且，说句大实话，我现在也还深陷其中。我想写这本书的很大一部分原因，是想定位出一天当中最常见的而且对我和其他父母来说又是最困难的部分，然后提供一些易于实施的解决方案。

本书下面的章节是专为你们而写的。这些章节内容简单，直击痛点，我会为你们提供一些来自于我自己家庭的、经过长期验证非常有效的技巧和窍门。实际情况是：我自己的孩子到他们 8 个月大的时候就可以在下午 6 点上床睡觉了。请不要嫉妒我，这就是我现在写这本书的原因！你们可能已经在实践书中提到的某些建议了，因此如有必要的话，跳过那些你们熟悉的建议就好了。

早晨的可视化日程

- 如果您的孩子还不知道如何阅读数字,那么请试试让他们至少认出时钟上代表起床时间的那个数字。有一些专门用于提醒入睡的时钟会在时间到了的时候变颜色,不过,我总是尽量减少我必须购买的物品。

- 我的小女儿喜欢睡懒觉,所以除了本书第一部分提到的策略之外,比起我那两个大一点的孩子,我需要更早一点提醒她。我自己是不必亲自去提醒她的(在那个时段,要么我已经穿好了衣服准备去上班了,要么我就在喝咖啡,把时间花在我自己身上),我会让我的大女儿(她是个习惯早起的人)去做善意而温和的提醒。在一开始的时候,我需要对大女儿去叫醒妹妹这件事加以指导和训练。不过,随着时间的推移,我那个爱睡懒觉的孩子慢慢能够在她应该醒来的时候自己醒来了。

- 我在前一天晚上就把孩子们当天要带的零食和午餐拿出来摆好。孩子们则在前一天的晚上就把他们当天要穿的衣服，包括手套、外套、袜子和鞋子，都拿出来摆好。所以，为了第二天早晨的例行公事能顺利完成，大部分事情都要提前一天就做好准备。

- 我们商量好早晨可以有涂色、玩耍和阅读的时间。如果孩子们能早点穿好衣服，他们就来得及玩一个简单的艺术游戏、读书或玩耍。这通常可以作为一种激励，让他们快速穿好衣服，以便能享有足够的"我的个人时间"。我们曾经使用过一张日程表，它看起来像下面这个样子（实际上我在厨房的冰箱上以及每个孩子的房间里一直贴着这张表，直到他们早晨能自己独立完成他们应该做的事情之后才摘下来）。在这本书的末尾我会附上这张日程表。

早晨做好上学的准备

1. 从床上下来 ☐
2. 洗脸 ☐
3. 刷牙 ☐
4. 穿衣服 ☐
5. 梳头 ☐
6. 吃早餐 ☐
7. 把午餐放入背包里 ☐
8. 检查背包 ☐
9. 穿上外套和鞋子 ☐

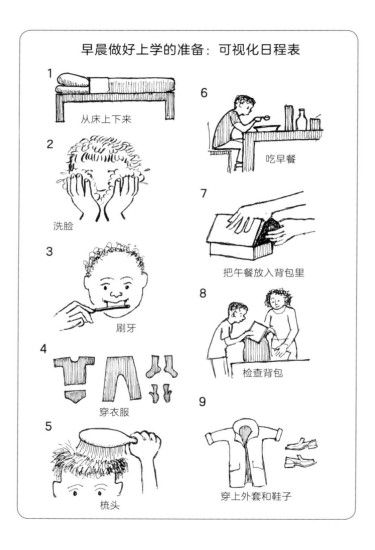

做家庭作业的可视化日程

- 我们有一个感官工具箱,每个孩子都能得到自己需要的东西,以便他们能最大限度地专注于自己的工作。近来最受欢迎的东西有降噪耳机(用来阻挡吵闹的兄弟姐妹,或者我正在播放的他们并不都喜欢的音乐)、加了重量的物品(昨天,我最小的孩子拿出了我做的加重袜子,因为她的数学课让她感到沮丧——这是她的原话,不是我说的)、视觉计时器以及我和孩子们一起手工制作的把玩件。

- 我在播放低频古典音乐(我的大女儿不喜欢这种音乐,所以她会戴上降噪耳机,但我那两个较小的孩子却喜欢这种音乐)作为背景音乐。

- 我最小的孩子在站立时最能集中注意力。

- 我家老二在使用具有斜面的东西和触觉把玩件时最能集中注意力。于是我们使用一个向侧边倾斜的燕尾夹。

- 家庭作业箱:在我的书房里,每个孩子都有一个架子,上面有他们的名字,架子上放着他们自己的箱子。在每个人的箱子中，他们保留了自己不想/不需要来回携带的重要物品，例如教科书、作业通过证书、特殊的铅笔、在线作业账户的密码信息，等等。这种设置对他们在管理个人物品时的条理性和独立性来说都是非常有帮助的。

- 我们将做家庭作业时重要的而且是经常要用到的物品集中在一个收纳盒里，放在书房和厨房（因为我的孩子们经常在那里做作业）的区域。这些物品包括荧光笔、铅笔、橡皮、剪刀、胶棒等。

- 我的孩子们在做家庭作业时通常会机械化地按照同一个顺序来进行。虽然他们的年龄不同，但他们却几乎遵循了相同的模式。他们都从最难的科目开始做起，一步一步做到最简单的科目。您的孩子可以参照下面这个日程表，每做完一项作业，就在那项作业后面打个钩（在本书的末尾，我会放上这个日程表）。您可以按照自己的需要修改这张表，可以尝试将每项作业与视觉计时器配对，这样孩子们就可以看到您希望他们在每项作业花多长时间了。同时，您也许会发现，孩子们的注意力和动力在逐渐增加，尤其是对于比较难的科目来说。我通常按照每大一岁就多增加一分钟的规律来定这个日程表。每做完一项作业就让他们起身休息两分钟，快速舒展一下身体，然后再回去继续做。这个安排是以我大女儿为例的。虽然这样的安排适合我们家，但您家的孩子可能会有所不同，具体怎么安排要取决于您家孩子的年龄和他们感觉哪些科目最难。

做家庭作业的例行公事

1. 数学练习（10分钟） ☐
2. 伸展运动（2分钟） ☐
3. 拼写练习（10分钟） ☐
4. 伸展运动（2分钟） ☐
5. 吃晚餐 ☐
6. 阅读（20分钟） ☐

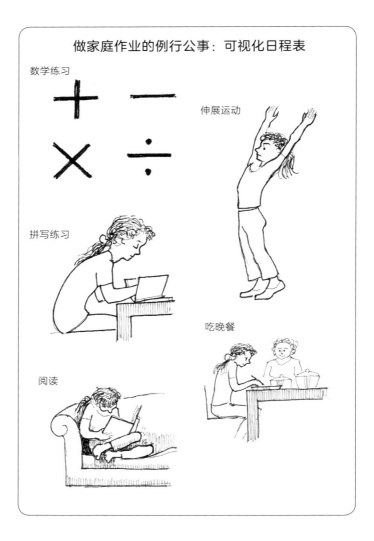

帮助兄弟姐妹和平相处

- 和平角是我们家中的一个指定区域。孩子们知道可以在那里解决争吵。和平角同时也是我们放感官工具箱的区域。孩子们在解决争吵的过程中可以方便地按需取用那些工具。我们制定了寻求解决方案时的步骤,以便孩子们都能遵循同一种规则,尤其是在他们情绪激动的时候。我们会尽量避免参与他们的争吵,并且向他们强调自己独立解决问题的重要性。我告诉他们可以用工具来帮助自己找到解决办法。

- 如果可能,我们会尝试为孩子们多提供一个区域,以便他们想要选择分开一段时间时可以使用。我注意到,在这些时刻为他们提供的选择越多,他们和好得就越快、越容易。

- 我们在日常对话中经常使用"灵活"这个词。当我们对孩子们"灵活"以及我们彼此"灵活"时,我们就会说出这个词。如果您发现某个孩子正在度过艰难的一天,或者他在灵活性方面总是有困难,那么让他以特定的词或句子(比如在第一部分中我们概括出的句子："让我们轮流选择做什么")来表达会特别有帮助。

- 当我的孩子们还小的时候,我们使用不同颜色的沙漏计时器来代表需要共享玩具/游戏的不同时长。他们不需要我帮助就可以使用那些沙漏。我认为,让孩子独立使用那些沙漏会让他们感觉自己"长大了",而且有助于教会他们在社交互动以及与同伴谈判时争取自主权,同时还能教会他们如何在冲突中寻找解决办法。我们有三个沙漏计时器,分别为 3 分钟、5 分钟和 7 分钟(它们分别是绿色、黑色和橙色的)。孩子们经常会把沙漏计时器拿出来用。当某个孩子需要在感官区域冷静几分钟并希望看到自己要在那里待多久(有时他们会选择待更长时间)时,他/她就会去拿沙漏计时器来用。他们还利用这些计时器来帮助自己完成家庭作业。

晚上的可视化日程

- 在一周内的时间里,我的孩子们会每天都遵循同一个日程表。他们清楚地知道从下车到睡觉的那一刻会发生什么(这是指在一周的工作日内,我们在周末会更灵活一些)。如果偶尔他们没有按照那个日程表去做,那么他们的睡眠以及随之而来的注意力和行为都会和平时大不一样。我真的相信,知道接下来会发生什么是孩子们能感到平静然后睡个好觉的基础。

- 我们的晚间例行公事包括以下内容:

  1. 进门之后马上把鞋子脱掉,把外套和背包挂在大门旁边的挂钩上。
  2. 洗澡。
  3. 穿上睡衣。
  4. 做家庭作业,房间里播放着让人放松的背景音乐。
  5. 吃晚餐。
  6. 阅读。
  7. 上床睡觉。

- 如下所示的日程表将会让您的孩子自己负责晚间例行公事的每一个部分,同时也给予了他们控制权,从而让他们感到自己可以预测和调整将要做的事情。在本书的末尾,我会放上这个日程表的两种版本。

- 我的孩子们会早早起床,在早晨玩耍。这可能并不适合所有人,但却对我们适用。孩子们会在下午 6:00/6:30 上床睡觉,然后在早上 6:00/6:15 起床。他们对这样的时间安排毫无怨言!

- 我们不在上床睡觉前进行任何过度活跃的活动。在工作日,孩子们完全没有屏幕时间(不看电视、电脑或其他电子屏幕)。即使是在周末,我也从不把屏幕时间安排在晚上或下午的晚些时候。我绝不会要求您也按照我这个方法去做,而且凭个人的经验,我充分理解电视可以成为家长的救命稻草,我只是在转述我自己保证孩子睡眠和减少孩子屏幕时间的经历——至少在一周的工作日内我是这么做的。某些晚上,如果我们有一些额外的时间,而且孩子们都以差不多的速度完成了自己的家庭作业,我就会和他们一起做瑜伽或者给他们讲冥想故事,以此来作为一项特殊的活动。

- 当我的孩子们年龄还小的时候,我会把我们晚上的例行公事写下来,并且以分钟为单位来做安排!好吧,现在回头去看,那可能是有点过分了,但我真的认为设置一个固定的日程表,让每个人都知道该做什么(尤其是在工作日的晚上)会让整个家庭(不仅仅是孩子们)更加快乐,当然,也能让整个家庭都获得更好的休息。以下是我们遵循的一个日程表的例子(我们现在不需要看就知道它的每一步,但一开始,我手工绘制了这张表,小心塑封之后再用图钉固定在我家厨房的墙上,这样,任何在下午 3:00 之后帮我看孩子的人都可以准确而完美地执行它了)。

- 在上床睡觉之前的镇静活动包括涂色、搭积木、阅读、写日记,等等。

晚上的例行公事	
1. 吃晚餐	☐
2. 刷牙	☐
3. 洗脸	☐
4. 阅读	☐
5. 上床睡觉	☐

我希望以上的一些想法能对您有所帮助,并且可以无缝地融入您现有的例行公事中去!

爱你们。

劳伦

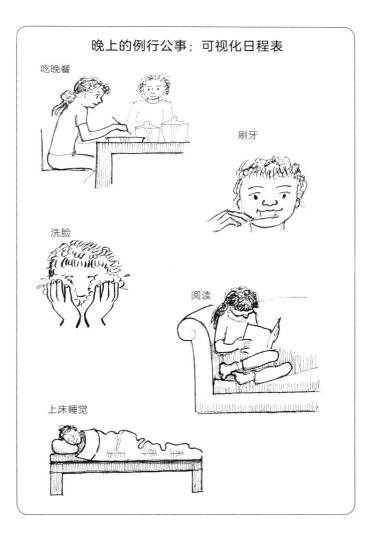

教育者和治疗师篇：
更加具体，可操作的策略

嘿！你们好！

是这样，我在学校系统工作了很长时间。在我的职业生涯中，我经历过很多高峰，也遇到过一些更具挑战性的情况。老师们，我知道在管理大型班级（有着很多不同需求的孩子）时想要轻松而成功地实施教育策略是多么困难，您也许瞥见了这本书，然后心想："我的天哪，又来一本书。哼！我可没那个时间去读。" 治疗师们，咱们一直在经历同样的事情。任务繁重，案件量大。谁会有时间读一本书并制作可爱的小图片将这些技能真正转移到课堂中去呢？

因此，我创作了这本书。这可能是最令我感到兴奋的创作了。我们没有时间把一天当中的每一个部分所要用到的每一项技能都写进来。这不现实。所以，我选择了学校里那些对我们可爱的孩子们来说最艰难的时刻，在那些时间段里我们听到的担忧最多,孩子们也常常在那些时刻感到纠结……课间休息、享用午餐和交朋友。我们还可以把如何集中注意力纳入进来,因为那也是给我们带来很多工作量的问题。

让我们把生活简化一些。本书末尾有精美的而且可以随时进行塑封的桌面字条、海报和儿童手环。然而,我认为还是最好提供一些切实可行的方法来介绍我刚才提到过的三个环节中的每个策略。

在开始之前,让我们集思广益一些方法来最大限度地落实这三个环节的策略,以便将它们转移到孩子们的应对技能模式和工具箱中去:

- 在大约三个月的时间里(考虑到寒暑假、公共假期、学校活动等),让您的班级或治疗小组中的孩子们每周学习一项新策略,总共9周。即学习9项策略。每周开始的时候,通过阅读书中的相关章节来介绍某项策略,然后用下面描述的某个可行的活动来练习这项策略。在一周接下来的时间里,逐渐在教室和学校里那些频繁发生相关情形的区域添加上视觉辅助(这些图画可以由孩子们自己创作或从本书中摘取，尽量放置到合适的地方）。在一周的过程中，持续不断地通过以下一种或多种方式去强调那个策略。

- 让全班或治疗小组中的孩子们把您教给他们的每种策略画成图。让他们画在不同颜色的纸片上，然后打孔拴在一个钥匙环上。这是一个由孩子自己创造的有形的工具，它呈现了所有的策略，并且可以让孩子们随身携带到任何地方去。孩子们可以把它带回家，也可以和照顾他们的人一起把家庭相关的策略画出来并添加到这个钥匙圈中去。

- 在会议区域以图片的方式展示正在教授的策略。在每天开始的时候提醒全班或治疗小组中的孩子们去复习那项策略。

- 在课堂交流及与学习内容有关的对话中酌情使用与策略一致的词语。

- 早会期间在教室或治疗室的黑板上写下提醒（您可以自己写，也可以将这件事安排给某个孩子去做）："我们本周的策略是_____。我们今天用来让自己感到快乐和自我控制的方法是什么？

我们能预见到一天中哪些困难时刻可以使用这种策略来帮助自己吗?"

- 当不需要使用本书时,将它放在所有孩子都能看见的地方。可以考虑将它放到书柜里并与其他使人平静的书籍放在一起,或者,也可以单独把它放到为孩子们设置的冷静区域中。

- 可以考虑让不同的孩子向全班大声朗读特定的章节。这本书侧重于建立讨论,所以不如让孩子们充当领导者,帮助您进一步发展课堂/治疗社区,同时强调每个人都有自己的"小麻烦",需要一点点帮助是正常的。

- 您有课堂简报吗?如果有,请考虑在谈论"本周策略"的地方添加上一个小部分:列出策略的名称,写上孩子们在课堂上使用它的方式以及它有什么帮助。

- 请认真考虑教室的照明、音乐和孩子们的食物。这些是基础,它们将对孩子们的整体情绪调节产生影响。每天早上,学生更容易感到疲倦,因此可以考虑使用亮一些的灯光(我建议远离荧光灯)、高频的音乐,可以让全班一起做那些动作较快、穿越中线和具有前庭输入元素(头部旋转、抬头、低头)的运动。每天下午(尤其是在课间休息、午餐、高度刺激活动之后),可以考虑调暗灯光(再说一次,不要使用荧光灯),使用低频的音乐,让全班学生参与有本体感觉输入、深度压力元素的、动作较慢的练习。

用有形的活动来学习策略

思想箱

材料：空纸巾盒、两张不同颜色的纸或索引卡、颜料／马克笔／贴纸／其他艺术用品

让这个想法变得切实可行的一个相对简单的方法是分发两张不同颜色的纸（我用绿色和红色的索引卡来做，以尽量减少我的裁剪工作，但如果您希望这项活动是由孩子主导并且希望他们练习使用剪刀技能的话，可以使用彩色美术纸）。我喜欢红色和绿色，因为对于许多孩子来说，绿色意味着可以做，红色意味着要停止。告诉孩子们他们需要装饰自己的思想箱。让孩子们随心所欲地发挥创造力。在他们做的时候提醒他们思想箱的目的。让孩子们在红色卡片上画出或写出分散注意力的想法，在绿色卡片上画出或写出集中注意力的想法。问他们应该把什么颜色的卡片放进思想箱（红色）。为了让这个活动变得有趣而又不会太傻，可以让孩子们笔直地站好，然后把自己的绿卡放在头顶上，看看他们能否在 10 秒钟之内保持平衡，不让绿卡掉下来。

挤压整个身体

材料：无

"你知道如何在手臂上挤出一块肌肉吗？太好了，现在放松肌肉。"大多数孩子可能会对这个问题说"知道"。您可以让那些说"不知道"的孩子来做示范和辅助您。"现在，就像你把那块肌肉挤出来、然后再放松它一样，我希望你用整个身体来做同样的事情！用你的全身挤出一块肌肉，保持住，1、2、3、4、5，然后放松。"问问孩子们感觉自己哪个部位摇摆不定。"现在，当我们用全身挤出一块肌肉时，我们要把这些摇摆不定的感觉挤出我们的身体，好吗？准备，1、2、3、4、5，然后放松。所有摇摆不定的感觉都消失了！"

把自己团成一个球

材料：无

这是一个非常好的姿势，孩子们坐在地毯上或课桌边上时，我经常会提示他们这样做。这个姿势是接触地面的，因为双脚要踩在地板上，膝盖要顶在胸部。当孩子们积极地拥抱自己并将自己团成一个球时，他们的全身都会感受到深层的压力。引入这项活动的一个好方法是从站立的姿势开始，双脚平放，与肩同宽，双臂松散地垂在两侧，闭上眼睛。您可以对孩子们说："你是森林里一棵强壮的树，你的双脚是深入地下的树根。那些根是那么的强大，它们绝不会被大风吹弯。你的胳膊是迎风而立的树枝。一阵狂风吹过，但你强大的根基让你站得又高又直。你勇敢、坚强、自信、掌控自己的一切。当你准备好之后，请睁开双眼。"现在，让孩子们坐下。"还记得你是如何像一棵树那样稳定吗？在把身体团成一个球的练习中你也要如此去做。你的双脚要保持不动，你是稳定的、勇敢的、强壮的、自信的、有控制力的。"

想象自己身在别处

材料：艺术用品（您可以按照自己的意愿去准备或简单或复杂的材料）

您可以根据自己能为此项目投入多少时间（以及这个特定的策略对您来说优先级有多高），来决定要把这个活动做成像画草图那样简单还是像创作3D作品那样复杂。让您的班级或治疗小组中的孩子们想象一个他们想去那里休息的安静地方，并想一想外面的世界何时会变得让自己无法忍受。他们可以用铅笔、记号笔或颜料简单地画出来，也可以用橡皮泥、纸板、珠子或黏土来做成比较复杂的东西。孩子们对活动的控制越多，活动的意义就越大，他们也就越愿意使用这项策略。

只关注一个细节

材料：卫生纸芯筒

这是一种切实可行的方式，它可以向孩子们展示如何专注于视觉环境中的一个物体。您可以让孩子们闭上一只眼睛，用另一只眼睛穿过卫生纸芯筒去看东西。问问他们在最平静的环境中看到了什么。您也可以在院子里和午餐房间里这么做，来找到第二天使用的聚焦点。

专注于你的呼吸

材料：绒球、羽毛或其他重量很轻的物体

用视觉效果来展示呼吸是很难的。您可以把学生分成两两一组，一个人躺着，一个人坐着。在躺着的学生胸前和肚子上各放一个绒球，然后引导坐着的学生观察绒球接下来会怎样。您可以使用下图所示的表格，让他们在另一个人吸气和呼气时写下或画出他们的观察结果。

吸气时观察到的情况（胸部）	吸气时观察到的情况（腹部）
呼气时观察到的情况（胸部）	呼气时观察到的情况（腹部）

"让我们轮流选择做什么"

材料：文件夹、纸、铅笔

让孩子以结构化且可预测的方式去了解朋友和同学是一个很好的办法，它可以帮助孩子发展对他人的看法、加深与他人的友谊。我们可以通过使用"友谊文件夹"

的方式来实现。可以将孩子两两配对，给他们一些预先写好的问题（之后，如果可以的话，让他们自己出题）或者他们常常互相问的问题，让他们轮流询问对方。比如：你最喜欢的食物是什么？你有宠物吗？你最喜欢的棋盘游戏是什么？你有兄弟姐妹吗？

"让我们分开5分钟"

材料：呼啦圈

有时，向孩子们展示什么是个人空间是很重要的，尤其是当他们距离很近、发生争吵而且因为地方小而无法远离对方的时候。这个活动会展示一种他们真正需要考虑个人空间的情况。可以用一张"个人空间泡泡"的图片向孩子们展示如何去做。将孩子们分成两两一组。一个孩子站在呼啦圈内，另一个孩子则不能进入那个区域。

解决争论的简单步骤

材料：图片"解决争论的简单步骤"

将图片放在教室或治疗区域中方便拿取的地方。将孩子们分成两两一组，为他们提供一个场景，要求他们必须表演一场争吵，然后使用图片中的步骤解决它。把孩子们的表演录下来，并在班级里回放。把"解决争论的简单步骤"的图片做成缩小版的图示并复印，让每个孩子挂在他们自己的钥匙环上。这对于一天中容易情绪失调的时间（例如课间休息和午餐时间）来说尤其重要。

附　录

附录一
自控金币奖励表

　　您可以把这张图复印或塑封好放在孩子的桌子上，也可以粘贴在家里的冰箱／桌子／墙上，等等。在孩子学习每个策略并将其实施到他的日常生活中时，他可以把图上的一个金币涂上颜色。您可能会希望通过给孩子发放某种实体代币的方式来强化这张图的激励作用。比如，孩子每得到 5 枚小号代币就可以换成一个大一号的代币，最终，在得到 15 枚代币时，孩子可以选择一样奖品。对儿童来说，有形的强化可以对行为起到非常大的激励作用，所以，让孩子给金币涂色，让他们看到自己的进步，同时给他们发实物代币的方法是特别有效的。

　　操作方法：当孩子在书中赚得金币时，就可以在图上给金币涂上颜色。允许孩子自由选择要用什么颜色填涂，尽可能多地让他们感觉自己是这个过程的主导者。

附录二
提醒手环

接下来展示的手环将对孩子在本书中学到的 15 种超能力／策略加以强化。您希望孩子在哪个方面有所改善，就让孩子每天佩戴相应的手环。您对孩子的提示应该随着时间的推移越来越少，要允许孩子们在一系列的环境中自然地把这些策略变成他们自己的习惯。这些手环是按照本书五个章节的划分而设计的。

使用方法

1. 复印图片，裁成纸条的形状。
2. 多复印几份以供日常使用。
3. 或者（如果你特别追求完美的话，还可以这么做）将您或孩子选择的超能力纸条塑封之后做成圆环，这样就得到一个他每天都可以使用的耐用的手环了。

早晨做好上学的准备

集中注意力

课间休息及午餐时间

附录三
早晨的可视化日程

  这是带有图片的日程表范例，孩子可以在完成每一步后画钩。这样做既能让孩子们知道自己早晨必须要做的每一件事，又给了他们控制权，从而让他们感觉到自己可以预测下一步会发生什么并且自己如何进行调整（同时，也能让每个人都准时出门）。可以将这个日程表塑封或放入透明的口袋保存起来以提高其耐用性。

早晨做好上学的准备

1. 从床上下来 ☐
2. 洗脸 ☐
3. 刷牙 ☐
4. 穿衣服 ☐
5. 梳头 ☐
6. 吃早餐 ☐
7. 把午餐放入背包里 ☐
8. 检查背包 ☐
9. 穿上外套和鞋子 ☐

附录四
做家庭作业的可视化日程

　　这是带有图片的日程表范例，孩子可以在完成每一步后画钩。这样做既能让孩子们掌握作业过程的每个部分，又给了他们控制权，从而让他们感觉到自己可以预测下一步会发生什么并且自己如何进行调整。可以将此日程表配合可视化计时器使用，让孩子们知道自己需要多长时间专注于哪项特定的任务，然后才能进行短暂的休息（如果需要的话），从而最大限度地提高他们集中注意力完成任务的动力。可以将这个日程表塑封或放入透明的口袋保存起来以提高其耐用性。

做家庭作业的例行公事

1. 数学练习（10分钟） ☐
2. 伸展运动（2分钟） ☐
3. 拼写练习（10分钟） ☐
4. 伸展运动（2分钟） ☐
5. 吃晚餐 ☐
6. 阅读（20分钟） ☐

附录五
晚上的可视化日程

这是带有图片的日程表范例,孩子可以在完成每一步后画钩。这样做既能让孩子们掌握晚间例行活动的每个环节,又给了他们控制权,从而让他们感觉到自己可以预测下一步会发生什么并且自己如何进行调整。可以将这个日程表塑封或放入透明的口袋存护起来以提高其耐用性。下表中有两个选项,其中一个内置了强化奖励。即有 7 个可以打钩的方格,孩子每完成一项,就可以在后面对应的方格里打钩。当 7 个方格都打上了钩,孩子就可以得到一份您和孩子事先约定好的奖励。

晚上的例行公事 1

1. 吃晚餐 ☐
2. 刷牙 ☐
3. 洗脸 ☐
4. 阅读 ☐
5. 上床睡觉 ☐
6. 一觉睡到天亮! ☐
7. 1-2-3-4-5-6-7= 奖励! ☐

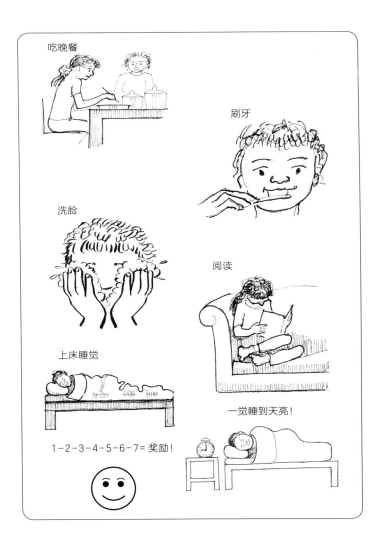

晚上的例行公事 2

1. 吃晚餐 ☐
2. 刷牙 ☐
3. 洗脸 ☐
4. 阅读 ☐
5. 上床睡觉 ☐
6. 一觉睡到天亮! ☐

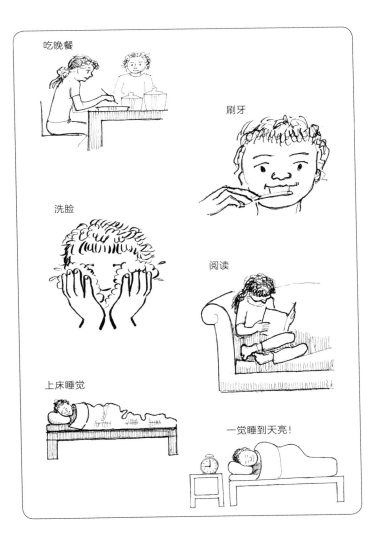

附录六
课面提醒字条

　　您可以将这些字条复印或塑封后放在地板上、课桌上、工作台上或墙上，作为对本书中学习到的 15 项超能力策略的视觉提醒。由于其中一些策略更适合家庭使用（例如早晨做好上学的准备），另一些策略则更适合在学校使用（例如课间休息及午餐时间），因此并不是 15 种策略都需要放在同一个区域。

附录 119

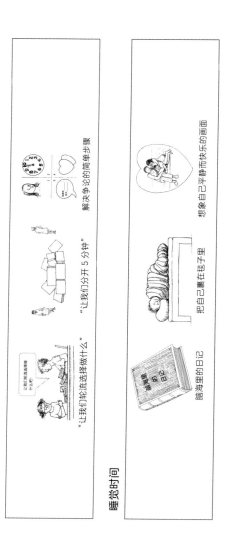

附录七
掌握一项超能力，
获得一份自控力证书

这是孩子掌握了一项超能力的证书。

在图片上部的那条线上填写掌握的具体的超能力即可。

祝贺你

你已经掌握了这项超能力

签 发 日 期：_____

成 年 人 签 名：_____

自控超人签名：_____

附录八
掌握所有 15 项超能力，获得自控力学位证明

这是孩子掌握了所有 15 项超能力时，给孩子颁发的文凭。

祝贺你

从自控学院毕业!
你现在是正式的自控超人了!

签 发 日 期:＿＿＿＿＿＿＿

成 年 人 签 名:＿＿＿＿＿＿＿

自控超人签名:＿＿＿＿＿＿＿